DE QUELQUES

COMPOSÉS IODÉS

ET DE LEUR

EMPLOI DANS LES ARTS,

Par M. BOR, Pharmacien.

———∘◦∘———

Messieurs,

La découverte de l'iode remonte à une époque déjà ancienne, quelques chimistes ont prévu qu'un jour il serait employé dans les arts, l'industrie peut nous le fournir en quantité et à bas prix, et sa combinaison avec certains métaux fournit des couleurs très-vives. Ce corps n'a pour ainsi dire, jusqu'à ce jour, été employé qu'en médecine.

De l'Iode.

L'iode a été découvert, en 1813, par M. Courtois, salpêtrier de Paris ; mais c'est à M. Gay-Lussac que nous sommes redevables de la connaissance de ses principales propriétés. Ce corps a été placé par ce chimiste au rang des corps simples.

L'iode ne se rencontre pas pur dans la nature. Découvert d'abord dans le plus grand nombre des fucus qui croissent sur le bord de la mer, il a été trouvé depuis dans les éponges, dans quelques eaux salines, dans des minérais argentifères, etc.

On extrait l'iode des eaux mères de la soude Varech ; il y existe à l'état d'iodure et combiné au potassium. Le procédé pour l'obtenir est simple : verser de l'acide sulfurique sur ces eaux pour décomposer le sulfure et les chlorures qu'elles contiennent, chauffer ce mélange pour expulser l'hydrogène sulfuré et le chlore ; ajouter ensuite au liquide une certaine quantité de péroxide de manganèse et d'acide sulfurique concentré ; enfin soumettre le tout à la distillation ; l'iode qu'on obtient par ce procédé doit être distillé une seconde fois avant d'arriver à l'état de pureté. Pour le livrer au commerce, on le sèche entre des feuilles de papier sans colle.

L'iode est solide à la température ordinaire ; sa forme est lamelleuse, son éclat métallique, sa couleur bleue grisâtre, son odeur forte et analogue à celle du chlore, sa saveur très-âcre, sa pesenteur spécifique cinq fois environ plus grande que celle de l'eau. Il forme sur la peau des taches d'un jaune brunâtre qui ne tardent point à disparaître, projeté sur des charbons ardents, il répand des vapeurs violettes. L'iode, presque pas soluble dans l'eau, se dissout facilement dans l'alcool et l'éther ; il a de l'affinité pour l'hydrogène, le carbonne, le phosphore, le souffre, le chlore, le brôme, l'azote et presque tous les métaux.

On l'emploie dans les laboratoires comme réactif, dans la médecine contre les maladies scrophuleuses, les goîtres et à la préparation de quelques iodures dont nous parlerons.

Le commerce fournit parfois de l'iode mélangé d'eau et de houille. Cette fraude est facile à reconnaître par la dessication et la sublimation.

Les composés qui nous paraissent pouvoir être employés avantageusement dans les arts, sont les iodures de mercure et de plomb. Leur nuance est très-belle et la solidité du premier incontestable. Frappés depuis longtemps des propriétés très-remarquables de ces deux composés et n'ignorant pas que le chrômate de plomb, le prussiate de fer, qui sont des composés minéraux qu'on peut placer dans la catégorie, sous le double rapport de l'emploi et de la coloration, étaient journellement employés dans la teinture et l'impression sur les étoffes, nous avons cru pouvoir être utile à l'industrie en cherchant le moyen de les employer aux mêmes usages.

L'affinité de certains corps les uns pour les autres a pu porter à croire que ceux qui donnent naissance à l'iodure rouge de mercure et à l'iodure jaune de plomb pouvaient servir à la teinture et à l'impression, par l'emploi d'un procédé pareil à celui usité pour fixer sur les tissus le vert de schéele, le bleu de prusse, le chrômate de plomb; quelques essais suffisent pour se convaincre de l'impossibilité de conclure ainsi, mais c'est à cette cause qu'il faut surtout attribuer le défaut d'emploi dans les arts de ces deux iodures. Nous n'entendons pas parler de l'impression sur étoffe, car Thillaye (manuel du fabricant des indiennes) donne une formule pour impression sur tissus de coton par le bi-iodure de mercure, formule qui nous paraît motiver quelques observations : pour teindre du velours de coton au bi-iodure de mercure, on aurait recours à l'un des procédés suivants :

1.º Le mordancer avec le bi-chlorure de mercure ou quelqu'autre sel du même métal bi-oxidé ; le faire sécher et le passer ensuite dans un bain plus ou moins concentré d'iodure de potassium ;

2.º Opérer en sens contraire du procédé qui précède, c'est-à-dire mordancer le velours avec l'iodure et le passer ensuite dans le chlorure.

Dans l'un et l'autre cas le succès est imparfait. Le procédé de Thillaye pour impression serait-il plus satisfaisant ? Nous pensons qu'il offre aussi des imperfections.

Le bi-iodure de mercure est donc resté sans emploi en teinture ; quand à l'iodure de plomb qui, a beaucoup près, n'a pas la solidité du premier, nous sommes portés à croire que des raisons analogues à celles que nous avons exposées en ont empêché l'emploi.

Il nous a semblé que le but que nous nous sommes proposés, celui de teindre et d'imprimer des velours de coton aux iodures de mercure et de plomb, ne pouvait être atteint que par l'indication de procédés simples, faciles et surs : voici ceux que nous proposons.

Procédés pour teindre et imprimer les étoffes de coton aux iodures rouge de mercure et jaune de plomb.

Pour arriver à ce résultat, plusieurs composés nous sont nécessaires :

L'iodure de potassium,   L'acitale neutre de plomb,
Le bi-iodure de mercure,   Le sous-carbonate de soude,

L'acide iohydrique, L'acide chlorhydrique,
Le bi-chlorure de mercure, L'acide acétique.

Ces composés sont trop connus pour que nous ne soyons pas dispensés de parler de leur préparation qui, d'ailleurs, est formulée dans tous les ouvrages de chimie.

Procédé pour teindre et imprimer les étoffes de coton à l'iodure rouge de mercure.

Trois procédés peuvent être employés, le premier est basé sur la propriété qu'à une étoffe de coton mordancée avec le bi-chlorure de mercure de pouvoir être teinte ou imprimée, avec toute garantie de réussite, dans un bain d'iodure de potassium saturé de bi-iodure de mercure; le second sur ce que la même étoffe mordancée avec le bi-chlorure de mercure, avant d'être mise en contact avec le bain colorant ci-dessus, mais acidulé avec l'acide chlorhydrique, doit être passée préalablement dans une solution de sous-carbonate de soude afin de convertir le bi-chlorure de mercure en bi-oxide; enfin le troisième sur ce que cette même étoffe, d'abord mordancée avec le bi-chlorure de mercure, ensuite passée dans une solution de sous-carbonate de soude, prend parfaitement cette belle couleur rouge-orange, qui est propre au bi-iodure de mercure, en la trempant dans un bain faible d'acide iohydrique légèrement acidulé d'acide chlorydrique. On donnera probablement la préférence au premier procédé pour teindre et aux seconds pour imprimer, surtout à plusieurs mains.

Avant de revenir sur chacun de ces trois procédés

en particulier, il est indispensable que nous disions comment étaient composés les bains dont nous nous sommes servis, et d'observer qu'ils devront être modifiés selon les teintes à obtenir.

Bain de bi-chlorure de mercure.

Bi-chlorure de mercure........ 1 kilogramme.
Eau........ .... 20 litres.

On fait dissoudre le chlorure de mercure dans l'eau à l'aide de la chaleur, on laisse refroidir et reposer la dissolution, enfin on la décante avant de s'en servir.

Bain d'iodure de potassium simple.

Iodure de potassium........ .... 1 kilogramme.
Eau...... .... 40 litres.

Si l'iodure est pur, il peut être dissous dans l'eau froide et employé de suite.

Bain d'iodure de potassium acidulé.

Bain d'iodure de potassium ci-dessus . q : v :
Acide chlorhydrique . . . . q : s :
Pour que ce bain soit rendu légèrement acide.

Bain d'iodure de potassium et de bi iodure de mercure simple.

Bain d'iodure de potassium simple . . q : v :
Bi-iodure de mercure . . . . q : s :
Pour que la saturation soit complète.

Bain d'iodure de potassium et de bi-iodure de mercure acidulé.

Bain d'iodure de potassium saturé de bi-iodure
de mercure simple . . . . q : v :
Acide chlorhydrique . . . . q : s :

Pour l'aciduler légèrement.

Bain d'acide iohydrique acidulé.

Acide iohydrique . . . . q : s :
Eau . . . . q : s :
Acide chlorydrique . . . . q : s :

Le bain d'iodure de potassium acidulé peut rempla-
cer parfaitement celui-ci. Il est donc présumable que
la préférence lui sera donnée à cause du prix élevé
de l'acide iohydrique.

Bain alcalin.

Solution de sous-carbonate de soude à 2 ou 3° q : s :

Notre procédé pour teinture ou impression d'étoffe
de coton au bi-iodure de mercure est fort simple;
mordancer ou imprimer un velours blanchi, par exem-
ple, avec la solution de bi-chlorure de mercure, le
laisser sécher, le passer dans le bain d'iodure de potassium saturé de bi-iodure de mercure tiède et rincer.

Ce bain de bi-chlorure de mercure est assez concentré pour donner une teinture rouge-orange passable.

Pour impression, on emploiera avec avantage une
solution de bi-chlorure plus concentré.

La teinte rouge - orange peut être augmentée ou réduite, en donnant plus ou moins de force au mordant.

Quoique nous disions plus haut que pour teinture ou impression d'un velours de coton au bi-iodure de mercure, la préférence doive être donnée au premier procédé, parce qu'il est le plus simple, cependant nous sommes certains qu'on peut également teindre bien uni en se servant des deux derniers.

Le bain d'iodure de potassium saturé de bi-iodure de mercure se troublant, se décomposant si l'on veut, dès qu'on commence à y passer le velours mordancé, une partie du bi-iodure de mercure, qui entre dans la composition de ce bain, et qui augmente progressivement en continuant le mouillage, se dépose sur cette étoffe sans former corps avec ces parties; nous désirerions que cette portion de bi-iodure ne fut pas perdue pour être utilisée dans une autre opération. Ce résultat s'obtient en commençant par laver les pièces sortant du bain colorant dans des bacs remplis d'eau et en les rinçant ensuite à la rivière.

Le bain d'iodure de potassium saturé de bi-iodure de mercure, lorsqu'il a servi à teindre une pièce ou, ce qui revient au même, lorsqu'il a été troublé par cette opération, peut être rétabli dans son état primitif en saturant l'excès de bi-iodure de mercure, tenu en suspension dans ce liquide, avec une quantité suffisante d'iodure de potassium.

Si ce bain d'iodure de potassium saturé de bi-iodure de mercure, qui est destiné à teindre une pièce, peut, sans inconvénient, tenir en suspension un excès d'iodure de mercure, il est essentiel qu'il n'en contienne pas lorsqu'il doit servir à imprimer une pièce à fond blanc.

Pour finir ce chapitre, nous ajouterons quelques mots au sujet des deux derniers procédés qui peuvent aussi servir à teindre un velours de coton en rouge-orange ou à l'impression de la même étoffe.

Le mordançage se fait de même que si l'on voulait suivre le premier procédé; mais une fois que les pièces ont été bien séchées sur mordant, au lieu de les mettre en contact avec le bain colorant, on les passe dans un bain alcalin chauffé à une trentaine de degrés, on les y laisse séjourner pendant une demi-heure afin que le bi-chlorure ait le temps de se décomposer, on les porte à la rivière pour les rincer, on les passe dans le bain d'iodure de potassium saturé de bi-iodure de mercure acidulé ou dans celui d'acide iohydrique chauffés à 30° environ, et on finit par les bien rincer et par les faire sécher.

Pour teindre une pièce bien unie ou pour l'imprimer bien régulièrement, les deux derniers procédés, quoique un peu plus compliqués, l'emportent probablement sur le premier. Ils offrent cependant un inconvénient; pour obtenir la même intensité de teinte, on est obligé d'employer des mordants plus concentrés, parce qu'il s'en perd une portion dans le bain alcalin.

Avant d'en venir à l'iodure de plomb, disons encore un mot sur les étoffes de coton teintes ou imprimées au bi-iodure de mercure. Nous ne parlons que des étoffes de coton, parce que les essais faits sur celles de soie et de laine ont été pour nous sans résultats satisfaisants.

La couleur rouge-orange de ces étoffes peut être considérée comme assez solide, puisqu'elle résiste aux lavages parfaits, à l'eau ordinaire, aux bains alcalins carbonates, aux eaux acidulées, enfin à l'action très destructive, pour une nuance si délicate, des rayons solaires du mois d'août. Thillaye prétend cependant que cette couleur se ternit au soleil; ainsi, en admettant que nous ne nous soyons trompés ni l'un ni l'autre, il faudrait admettre aussi que le procédé que nous donnons pour imprimer sur velours de coton au bi-iodure de mercure est préférable au sien.

Procédé pour teindre et imprimer les étoffes de coton à l'iodure jaune de plomb.

De même que pour la couleur rouge-orange, trois procédés peuvent être mis en pratique pour teinture et impression sur coton à l'iodure de plomb. Le premier consiste à mordancer cette étoffe avec l'acétate neutre de plomb, à la faire sécher et la passer ensuite dans un bain colorant d'iodure de potassium additionné d'acide acétique. Quant au second et troisième procédé, voici en quoi il diffère du premier. Quand l'étoffe a été mordancée et séchée, on la passe dans un bain alcalin pour convertir l'acétate de plomb en carbonate de la même base, ensuite dans le bain d'iodure de potassium ou dans celui d'acide iohydrique acidulés.

Un velours de coton teint ou imprimé à l'iodure de plomb est d'un jaune très-beau et très-éclatant, mais malheureusement cette couleur a si peu de stabilité que c'est à peine si elle résiste aux lavages à l'eau ordinaire. Aussi, si nous en fesons mention, c'est pour rendre notre travail sur l'iodure de mercure le plus complet possible.

Quatre bains sont utiles pour teindre ou imprimer à l'iodure de plomb. Voici comment ils ont été composés :

Bain d'acétate de plomb.

Acétate de plomb. . . . . 1 kilog.
Eau . . . . 30 litres.

On fait dissoudre à l'aide de la chaleur l'acétate de plomb dans l'eau, on laisse refroidir et reposer cette dissolution et on la décante avant de l'employer.

Bain d'iodure de potassium acidulé.

Iodure de potassium . . . . 1 kilog.
Eau . . . . 40 litres
Acide acétique . . . . q : s :

On fait dissoudre l'iodure dans l'eau froide et on acidule légèrement le mélange.

Bain d'acide iohydrique acidulé.

Acide iohydrique. . . . . q : s :
Eau . . . . q : s :
Acide acétique . . . . q : s :
Mêlez.

Bain alcalin.

Solution de sous-carbonate de soude à 2 ou 3° q. s.

La teinture et l'impression à l'iodure de plomb motiverait plusieurs observations relatives à l'exécution du procédé. Nous les passerons sous silence pour ne pas nous répéter. Les détails dans lesquels nous sommes entrés au sujet des teintures et impressions au bi-iodure de mercure nous en dispensent suffisamment.

CONCLUSIONS.

Des essais qui précèdent, il résulte :

1.º Que l'iodure de mercure peut être employé à la teinture et à l'impression des étoffes de coton, peut-être même à celles de lin, et que sous le double rapport de la vivacité et de la solidité, ce composé laisse peu de chose à désirer ;

2.º Que l'iodure de plomb, quoique moins solide, peut servir aux mêmes usages.